ロケットエンジンと、宇宙への憧れ

小鑓幸雄

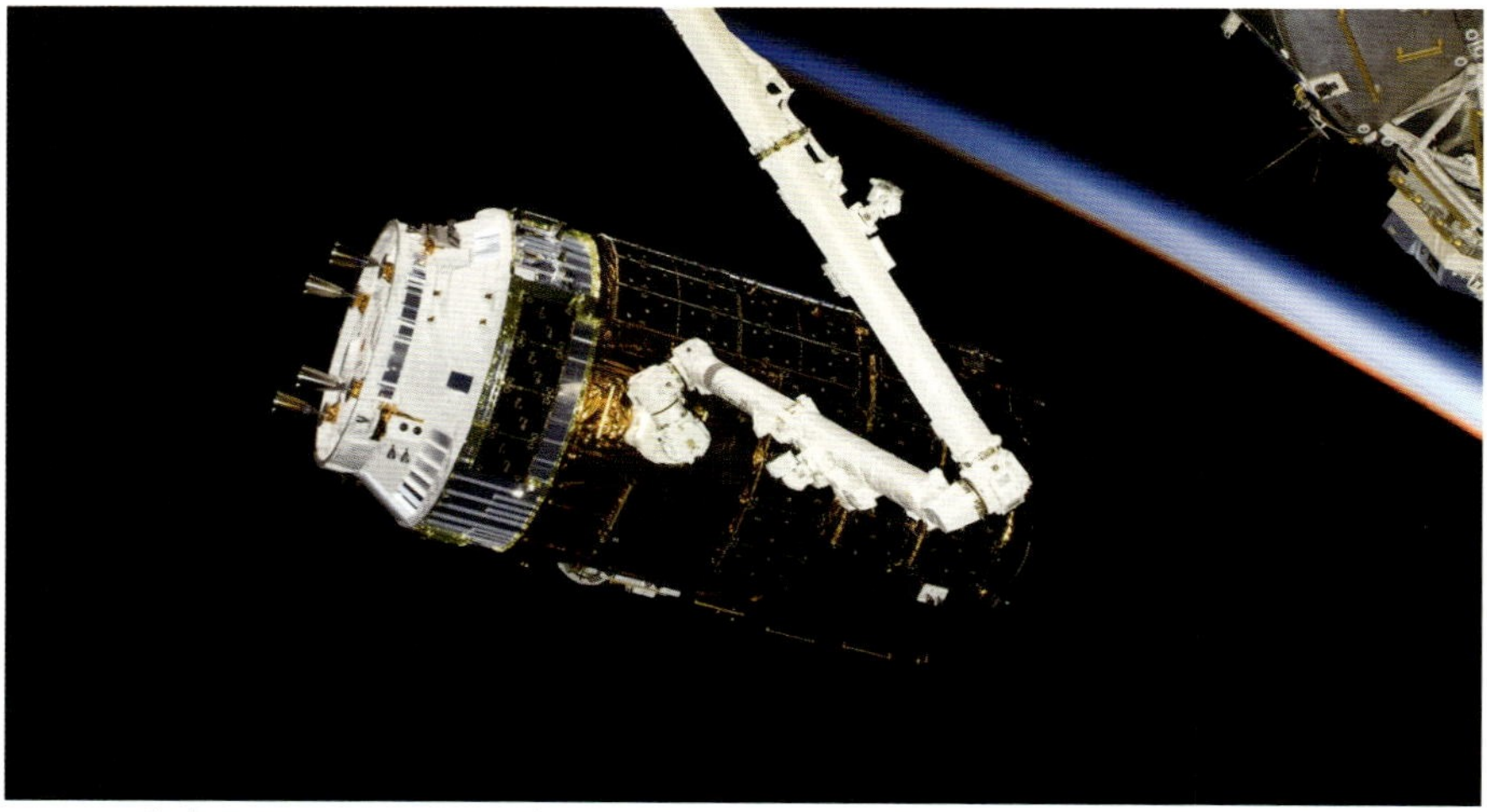

宇宙ステーションロボットアームにキャプチャされたHTV-7号機
（2018年9月27日午後8時36分）©NASA

H-2A

H-2A36
© 三菱重工／ JAXA

© JAXA
H-2B35

H-2A36

さ 2」
H-2A

H-2A23

H-2A ロケット固体ロケットブースター（SRB-A）地上燃焼試験

H-2A ロケット
試験機 1 号機用
LE-7A エンジン
（ショートノズル）

LE-7A エンジン
燃焼試験

LE-7A 認定型エンジン種子島燃焼試験

固体ロケット地上燃焼試験場

固体ロケット地上燃焼試験場

画像提供 JAXA

基幹ロケット高度化熱真空試験

LE-9 エンジン燃焼試験と大型射点

LE-9 実機型 #1-1 エンジン

LE-5B-3 エンジン燃焼試験（田代）

画像提供 JAXA

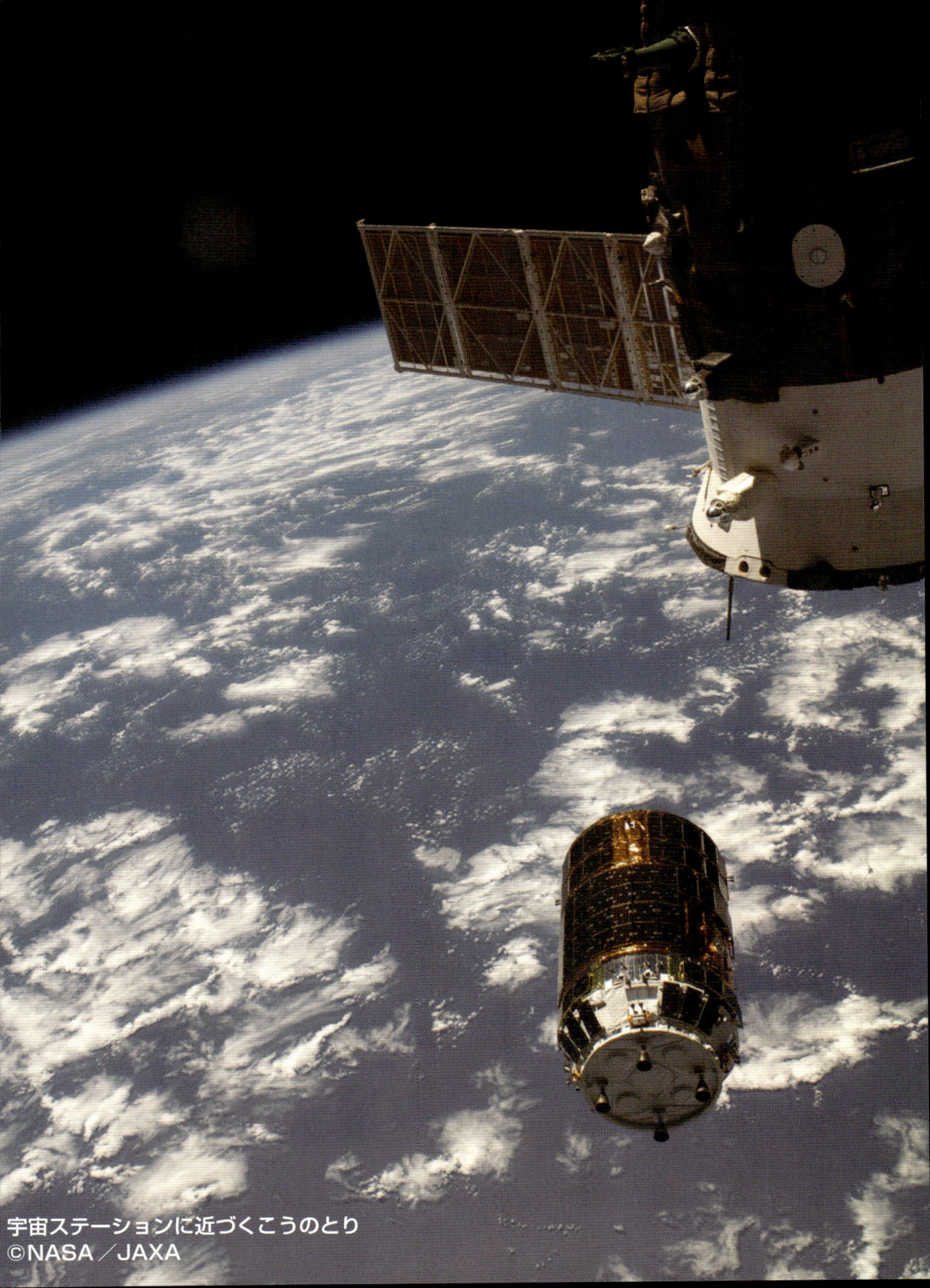

宇宙ステーションに近づくこうのとり
©NASA／JAXA

眼下の日本

H-2B2

こうのとり３号機打上成功

画像提供 JAXA

HTV 運用管制室

種子島射点

準備完了

画像提供 JAXA

H-2B4

内之浦宇宙空間観測所

画像提供 JAXA

角田宇宙センター

小笠原追跡所

画像提供 JAXA

相模原キャンパス

増田宇宙通信所

画像提供 JAXA

地球観測センター

種子島宇宙センター
©JAXA

©JAXA
筑波宇宙センター

チーム JAXA

まえがき

大地と、大気を、ふるわせる轟音と、沸き立つ白煙の中を、真っ青な大空に向かって、ひたすらに、飛び立って、宇宙の彼方へ、吸い込まれてゆくH2Aロケットの勇姿は、種子島宇宙センターに来て是非とも、見て、聞いて、自身の体で、体験して頂きたい。

誰しもが、一度は、その空気の振動と、その大音響に、感動されるでしょう。

私も含め、私達年代の方々の幼少期には、宇宙は全くの未知の世界であり、誰一人として大気圏外—宇宙へ出たことのない人類未踏の空間でありました。

国家を、維持・発展させる官僚の世界や、大学・研究所に残って、学問を極め、理論的あるいは実験的な展開を行うよりも、

私は、実際に、宇宙へ届くロケットを、宇宙へ届かせるべく創りたかった。

その為に、現場に常に居て実験に立会いたかった。

これが、私のロケットエンジン開発の動機です。

現在は、人里離れた地に行っても、地域開発が進んで、なかなか人の手が及んでいない場所が、見つかりませんが、

都会のあかり、街灯や車のヘッドライトの届かない地に、深夜、一人、たたずむと静寂とともに、しんしんと、身を凍らすような無音の世界が、しのびより、夜空に浮かぶ、雲の彼方に、きらめく無数の星々を見つめていると何か、謎めいた、宇宙の深淵が、私達を抱き込み、慄然とさせます。

広大な宇宙の前に、静かに無心で身を置く時、神秘を感じざるを得ません。
科学者だけでなく、誰しもが、抱く、神秘で、あります。

知覚に依り認識する世界の外に存在する—直感により感じる世界の深遠さに
　誰しもが、想いを、馳せることと、なるでしょう。

今日、宇宙開発競争は、各国による宇宙資源の獲得や、宇宙レーザー兵器の開発競争や、民間営利活動の一環としての衛星打ち上げなど、様々な活動が行われています。
私の願いは、それら開発が、神秘なもの・未知の世界を追究する、人類の知的好奇心に

深く根付いた開発であって欲しい、という事であります。
開発先取による利権や、政治支配に寄与するミリタリーバランスの道具になることがなく
科学者の行動原理が、宇宙の神秘や深淵を忘れない、生物の根源的意志に根付いたもので、
あって欲しい、というのが、私の願いです。

宇宙開発のダイナミズムを、知って頂くには、
より専門的な物理法則や、より緻密な工学理論と実行現場との軋轢、創意工夫を、
より詳細に描くべきであり、
チームの所産である、経験値としての感覚、
経験から得られた微妙な思考力、開発者としての苦悩そのものまでをも、
描ききらなくてはならないと、存じております。
残念ながら、私は科学技術専門であり、文章能力には秀でた者では、ありません。
実践科学者としての履歴と系譜を、開発当時の時代背景と、ロケット開発の進度を、
意識して、読み込んで頂ければ、誠に、幸いであります。

目次

〈堅田　仰木の里に昇る星々〉

「この子は、あまりに小さいので、育たないかもしれない。」と、産婆さんから言われ、取り上げられた私は、８か月に満たない未熟児として生まれました。

母の親元で出産するのが、普通とされている時代でしたが、急な産気づきの為に、母は実家に戻らずに、婚家で慌ただしく出産をいたしました。

産婆さんや周囲が心配する中、母は、なにより、すぐに母の乳首に吸い付いて、お乳を飲んでくれたので、安心したと聞いています。

父、吉雄、母、たずの長男として、昭和27年11月17日に、生まれ、生地は、滋賀県滋賀郡堅田町仰木３４０８番地（現大津市）であります。

仰木は、琵琶湖のくびれたところの西岸、堅田から、比叡山に向かって、数キロ。西に登った横川の山麓、前に琵琶湖を一望し、背後に比叡山がそびえる棚田で有名な、極めて風光明媚な寒村であります。

棚田と近江富士

仰木の里（棚田）

この地は、延暦7年（788年）最澄によって開闢《かいびゃく》された比叡山・延暦寺の本堂となる根本中堂から、東塔、西塔を経て、横川中堂、仰木峠、仰木の里へと峯で連なってゆく寺社エリアとなっています。

我が家は、天台宗延暦寺の「南無妙法蓮華経」ではなく、浄土真宗西本願寺派の門徒である為に、「南無阿弥陀仏」を唱えておりますが、横川の正月と九月の例祭には、必ず欠かさずに、お参りをさせていただきました。

横川へお参りするたびに、幼少の私には、何か目に見えぬ大きなものに見守られている—という感覚を覚えました。

祖父、祖母は朝晩の仏壇でのお参りは欠かした事のない信心深い信者で、その様な姿を見て育った家庭であったことは、とても精神教育の点で恵まれていたと思います。

琵琶湖と比叡・比良

根本中堂

箕淵弁財天（みのぶち）

釈迦堂

横川中堂

にない堂

椿堂

比叡山に対峙して、足元に、日本一大きな湖・琵琶湖があり、仰木の里を下山した堅田には、湖面に突き出て建つ、松尾芭蕉で有名な浮御堂があります。

元禄4年、松尾芭蕉(48歳)は、大津市膳所の義仲寺境内に無名庵（むみょうあん）を結び、近江の門人たちに俳諧を教えながら、暮らしていました。

向井去来、野沢凡兆など門人たちと浮御堂を訪れた際には、月がさすお堂を見て、

「錠あけて　月さし入れよ　浮御堂」との、有名な句を残しています。

海門山　満月寺　浮御堂

背後を比叡山に囲まれ、眼下に広大な湖・琵琶湖を見て育った私が、宇宙に対して憧れを
抱き始めたのは、小学三年生頃だと、覚えております。

信号すら一つも無かった寒村の夜の星、

一年中見飽くことのない天の川、

夏には、南のさそり座が何といっても一番。

それと天頂から東に見える、

はくちょう座のデネブ、こと座のベガ（織姫）とわし座のアルタイル（彦星）を

結んだ夏の大三角を眺め、

冬には澄み切った南の空に、オリオン座、

その中にぼやっと見えるM42オリオン大星雲。

あの星々が、私たちに銀河と、おんなじ大きさなんて、と思いを馳せつつ、

宇宙の大きさを想像していました。

図書室の宇宙の本を読んで、宇宙の始まりや、宇宙の果てのことを子供心でも、
考えておりました事を、今もよく覚えております。

時間はいつまでも遡《さかのぼ》れるのだから、始まりなんて無いのか、
宇宙に果てがあったらその外はどうなっているのかなど、
小さいながらも悩んだものです。
現代でもその答えはわかっていませんが………。

（とりわけ延暦寺横川での精神的神秘体験と、星を眺めて感じる科学的神秘は相いれないもののようですが、繋ぐものが何かあるはずなのでは……とも考え始めていました折、畏友、小島隆夫君の最近の著書『現代宇宙感と般若心経』（創樹社美術出版）で展開されている、現代科学と前近代の宇宙感を結ぶ斬新なアイデアと論理展開に出会って、正にこれだと、直観的に感じ、目から鱗の想いでした。）

—宇宙の創始は、物理学上では解明できない「無」の中から、量子論的な「ゆらぎ」が発生し、極小宇宙から、凄まじい急膨張（インフレーション）が引き起こされて、ビッグバンにより宇宙が誕生したと、現代では実証・理論づけられている。
「無」の奥底から宇宙を生み出したエネルギー（何ものか?）を、インフレーションを引起こしたものとして、「インフラトン」と、現代では、仮称されている。

15世紀に、実証を基本とした近代科学が発生する以前の中世においては、実証技術が低い為に、すべての論理究極は「神・仏」に帰結されていた。との理解が一般的であるが、今日の宇宙観に通じる論理科学的な思考を、当時の学僧達はしていたと、みうけられる。

曰く、鎌倉仏教の理論的指導者・栄西は、彼の著書「興禅護国論」序において、

「日月の光は踰《こ》ゆべからず、而《しか》るに心は日月光明の表に出ず……」として、

心は、物質界で最も速い光よりも速い―宇宙のインフレーションの速度―であり、

「心は大千沙界の外に出つ」と表現して、哲学的な非存在としての「無」を超えて、

「心」は、物質界の域外を脱している。として、現代科学の提唱している

「インフラトン」と同意義的に「心」が捉えられている。

そこには、「光より早いものは、ない」とされていたとする一般的な物質界の常識を超え、インフレーションに依る、宇宙空間の拡張速度は、光より速いとの見識が、想定され、

物質的な宇宙の奥底・根源を超えたところに、現代宇宙論の語る「インフラトン」である「心」が、「太虚を包んで元気を孕む」＝全宇宙を包み、活力の源をはらむ。と現代宇宙論に先んじて、千数百年前にイメージされていた事実は、驚愕である。

宇宙論・物質論・存在論等について、

すべてのものは「無」に帰する故、知覚・感覚を遮断して意識外の「無」に至る故に、自然界の全現象の本体となる宇宙の根本原理と自我は、「無」ににて同値―（梵我一如）とするインドウパニシャッド思想が、少なからず影響している事は見逃せない。

尚、量子論、原子物理学の基礎を創ったシュレジンガーにおいても、自己の存在を説諭するのに、同様の思想を引用しています。

〈米ソ宇宙開発競争の始まり―小学生時代〉

アメリカと、ソ連が激しい宇宙開発競争をしていたのを知ったのは後の事ですが、米国は、1957年10月3日ソ連に初の人工衛星「スプートニク」で先を越され1961年4月12日、ガガーリン少佐によるヴォストーク1号での有人地球周回飛行によって、又もや先を越されておりました。米ソの宇宙開発競争の始まりです。

世界初の有人飛行船ボストーク1号
©NASA

〈宇宙への興味―中学時代〉

中学校に入ると、

ハッブルにより宇宙は膨張していることが観測されていることや、フリードマンによる、アインシュタインの相対性理論での計算結果により、宇宙の膨張の事実など知りました。数学的な中身は、理解しにくいものの、考え方は必死で勉強し理解しようと努めました。

宇宙膨張説が認められてきた時代でありましたが、その後、科学者の興味は、膨張している宇宙から、その膨張とは逆に、時間を遡ったらどうなるかという点に移りました。

1947年に、ロシア人ガモフによる画期的な火の玉宇宙、ビッグバンの考えが出され1964年にはアメリカ人のペンジャスとウィルソンによって、

3Kの宇宙背景放射が観測により確認されて、ビックバンの理論は一応完成しました。その後、宇宙は無から生まれ、空間が、斥力により、急激に膨張するインフレーションにより始まったとの理論が出ました。宇宙の誕生に伴い大量に発生した光は、宇宙膨張の中で残り、宇宙のあらゆる方向から来る―宇宙背面放射として、ビッグバンの名残りが観測されています。

〈アポロ11号と日本の人工衛星おおすみ―高校時代〉

高校生以降も、宇宙科学や宇宙開発には、常に関心を持ち続けていました、例えば、宇宙の広大さや、宇宙の構造、構成物質などについて……。

ブラックホール研究が、X線観測衛星により加速されるとともに、最近では、観測される宇宙の大規模構造の運動から、見えないダークマター

（暗黒物質）の存在を仮定せざるを得ず、

観測される宇宙の加速膨張からも、

ダークエネルギー（暗黒エネルギー）の考えを導入しなければならなくなっています。

最近の研究で、宇宙全体の物質エネルギーのうち、73％が暗黒エネルギー、23％が暗黒物質として存在し、人類が見知ることが出来る物質は僅かに、4％ぐらいの存在でしかないといわれています。

かつての、興味・関心は尽きることがありません。

ケネディ大統領による　月面に人を送るレースにソ連に勝つ、との国家目標実現のために、なりふり構わず突き進んでおりましたが、当時ケネディは宇宙開発にはあまり乗り気ではなかったといわれています。
結果として、月計画を承認した事によって、国民から多大な名声を得るとともに、自らのキューバ対策の失敗を、国民の目から逸《そ》らせるのに成功しました。

　忘れもしない、高校二年生の7月16日。　人生を変える出来事がありました。

アポロ11号を載せた史上最強のサターン5型ロケットが、フロリダ州、ケネディ宇宙センターから打ち上げられ、20日に月面に着陸、アームストロング船長が、第一歩を月に記す快挙を成し遂げました。

日本でも衛星による実況放送がなされており、食い入るようにテレビを見ていました。

サターン5型ロケットは、打ち上げ時に３０００トンにもなる巨大なロケットです。

単純なものです。

　この時に、将来、宇宙開発の仕事をすると決意しました。

米ソの熾烈な月ロケット開発競争を見て
小学校の卒業文集に日本で自分が月ロケットを作ると書いています。
幼い時からの思いは変わりませんでした。
アームストロングが月面に降りた時の有名な言葉は、
これは一人の人間にとっては小さな一歩だが、人類にとっては偉大な飛躍である。
That's one small step for [a] man, one giant leap for mankind (Neil Alden Armstrong)

サターン５型ロケット（アポロ 11 号）　©NASA

月面への第一歩（アームストロング船長）　©NASA

併行して、日本の人工衛星打ち上げを、今か今かと待っていました。
１９７０年2月11日、日本が初めて、打ち上げたのは、東京大学のＬ－４Ｓ－５型でした。
衛星は「おおすみ」と命名されました。
米国のアポロ11号の有人月着陸よりも遅かったのです。
　この実力差を見て、—悲しく—悔しかったのを覚えています。
それでも、独力で人工衛星打ち上げに成功していた
１９５７年10月３日ソ連のスプートニク、
１９５８年１月31日のアメリカ、エクスプローラ1号、
１９６５年11月26日のフランス、ディアマンＡ1号に次ぐものです。
戦争に敗れた日本ですが、宇宙開発では、宇宙常任理事国に、入ることが出来ています。
尚、１９６４年12月15日にイタリアがアメリカの協力を得て、サンマルコ1号を、
打ち上げています。
中国は、１９７０年4月24日日本に続いて打ち上げています。
今や、中国は、アメリカ、ソ連に続く有人打ち上げ国ですが、当時は日本がリードしていました。

第二次大戦の終戦後、日本は、１９５１年９月８日のサンフランシスコ講和条約まで宇宙と原子力の研究ができなかったことを考えると、先輩方の努力が偲ばれます。

打ち上げ前整備中のおおすみ　©JAXA

〈大学進学―親の気遣い〉

父親は農林省食糧庁、滋賀食料事務所の米穀検査員の国家公務員で、農業も少ししていましたので、一家は、貧しくはなかったですが、裕福でもありませんでした。

私は、大学進学に際して、本当は、東京大学に進学したかったのですが、家族に経済的負担を掛けない為に、学部は京都大学の航空学科を受けて、大学院は、その後その時になったら考えようとしていました。

しかしながら、未練がましくも、宇宙工学講座があった東京大学に、手紙を書き、講義一覧等を送って頂くように、お願いしました。

当時、非常に丁寧な返事を、工学部の教務室から返送して頂いた事を覚えております。

受験願書を出す時期が近づくにつれ、どうしても東京大学進学が諦めきれず、思い切って父に相談しましたところ、さいわいにも、父は、快く承諾してくれました。

試験場は駒場キャンパスで、理科一類を受験しました。

当時、東京大学は、一次試験とその合格者に、二次試験がありました。

一次試験では、英、数、国に加えて、理科二科目、社会二科目、合計7科目を受ける必要がありました。理系の人間なので、理科の科目の物理、化学は、問題ありませんでしたが、社会の選択には困りました。日本史に加え、急遽政治経済を付け焼刃で勉強しました。

二次試験は、英、数と理科の二科目、記述式でした。一次試験の数学で、ポカをやり、不合格を覚悟しました。答えが変な分数になってしまい、おかしいと思い、何度も見直したのですが、同じ答えしか出せませんでした。

受験には、東京見物を兼ねて、母が付いてきてくれました。

本郷の宿（宿を頼んだ旅行社の方が、東大イコール本郷と思ったらしい）に帰って、試験の失敗のことを話しました。母は、その日、靖国神社にお参りし、故郷の戦死者の方々の御霊を弔っておりましたので、きっと皆さんが守ってくださるから心配するな。と言ってくれました。

落ち着いて見直すとすぐに、ポカの中身がわかりました。X^3の微分で$3X^2$とする処の3を抜かしていました。何故こんなミスをしたのか、全くわかりませんでした。

一次合格発表まで、なんと悔やんだことか。いまだに覚えています。これ以来、試験で見直す時には、思い込みをしないよう注意するようになりました。二次の合格発表日には「果報は寝て待て」を実践していました。夕刻、東京在住の知り合いの方から合格の電話を頂き、頼んでおいた電報も、合格「さくらさく」でした。

田舎からのお上りさんである私は、東京での大学受験に備え、試験前日、試験場までの予行演習をしました。丸の内線の本郷三丁目から、赤坂見附乗り換え、銀座線で渋谷に行き、京王井ノ頭線で二駅先の駒場東大前まで、行った事を覚えています。尚この時、初めての東京の地下鉄、私鉄に乗りました。

合格をしたからには、住む場所を見つける必要がありました。駒場キャンパス内にある駒場寮も、検討しました。あまりにも、綺麗でないのと、学生闘争（関係してなかった人は紛争と言ってます）を引きずっていたので、気が進まなかったところ、偶然、母の知り合いの方から、

「息子の為に、頼んでおいた下宿がある。息子は、関西の大学に行くので、代わりに、どうですか。」とその方が母に親切にも聞いてくださりました。場所は、目蒲線の大岡山から徒歩で十分余りの閑静な住宅地で、下見に行って話を伺い、そこの二階に下宿することになりました。

東大赤門

〈学生生活〉

駒場での生活は、勉強はそこそこにして、遊びまわっておりました。高校時代に覚えていた、麻雀のトレーニングにいそしんで楽しんでおりました。医学部に端を発した東大紛争。安田講堂の機動隊と学生との攻防は、テレビで見ていて知っていましたが、その二年後の駒場で、まだ全共闘とか、革マルとか民青とかセクト間の内ゲバが散発していました。　学生ストライキ（授業ボイコット）などがあり、ノンポリの身分には、授業がないのをいい事にして喜んでおりましたが、ストが終わると、大学側は、夜に補講と定期試験を行いましたので、結果として良くない話でした。

安田講堂

第2外国語はロシア語を取りました。

これからの世の中、英語とロシア語を学んでおけば、世界を相手にするには万全と軽く考えていました。ロシア語は、語尾変化が多くて、誠に苦労しました。しかしながら論理的な言語であります。

本郷に進学後、ロシア大使館に足繁く出入りしていたロシア人講師、イワン・スタルノフスキー氏主催のロシア語講座で、週一回夜、2時間、3年ほど勉強しました。

それなりに勉強したつもりですが、それ以降全く使わなかったので9割は忘れてしまいましたが、今でも、辞書があれば何とかなります。

　笠原教授の国史授業は、素晴らしいものでした。今まで、受けた授業中で飛び抜けて面白かったです。浄土真宗の親鸞に関する講義で、時間の経つのを忘れて聞いていました。

浄土真宗の家に、生まれ育った環境の影響かもしれません。

私も、講演や講義をすることがありますが、先生と較べると聴衆を引き付ける話術、中身ともにつたなく、まだまだ勉強の余地があります。

この頃、物理学科の大学院生に来てもらい、数人の仲間で量子力学の勉強会をしました。

ディラックの名著「量子力学」の輪講をしていました。

これが、素粒子論に興味を持つ大きなきっかけとなっています。

東大では3年になる前に、進学振り分けがあります。二年間の試験の成績の単位数と、試験点数の加重平均により優先順位が付けられます。まず、希望学科に一次志望を出し、定員最下位の学生の点数が公表されます（一次結果）。その点数を見て、希望動向を考慮して、最終的に学科希望を出します。この為、結果として、人気学科に定員割れが起きたり、一次結果で定員割れが出ていた学科で定員オーバーで足切りが出るなどの、ハプニングが起きてしまいます。

そこそこ、勉強した甲斐があって、念願の航空学科、宇宙コースに進学できました。

〈学部時代〉

ここでも、ほどほどに勉強はしました。大学祭で、飛行船を作って飛ばしたのが楽しい記憶として残っています。　全長７ｍ、直径１・５ｍ程度の大きさであります。強化ビニル製の布にヘリウムガスを詰めた構造で、中口博教授の指導の下、強度や、空気力学等の計算を、手分けして行いました。　自衛隊のパラシュートや救命胴衣メーカーである藤倉航装に布の製作、縫製をお願いいたしました。

戦後、航空関連の研究はできなかったので、航空学科は、平和条約締結まで応用数学科と名前を変えてありました。

貴重な図書などは、GHQの接収から逃れる為に他の学科の図書室に移されていましたので、航空学科の図書室は、蔵書数など貧弱でありました。


卒業論文を書くために、指導教官を選ぶ段になり、駒場に隣接している東大宇宙研の先生にするか、本郷の先生にするか迷いましたが、人間として尊敬していた高野彰先生に、指導を受けることにしました。

研究室に付属する、戦前からある大型の風洞(人工的にプロペラで空気の流れを作って、物体の周りの流れや、働く力等を観測する装置)で、ビル風を調べる実験をしました。観測部の直径は1・5mもあり、毎秒50mの風速まで出せます。実験には、ベテランの助手の方に手伝って頂きました。冬場での実験の為に、寒さに震えながらでしたが、初めて自分でする研究だったので、苦ではありませんでした。

4年の秋には大学院の入学試験を受けました。何とか合格しました。

（大学院での研究）

修士論文は、「微粒子を含む気体の角をまわる超音速流の解析」で、電子計算機による数値計算を行いました。

微粒子を含む気体は混相流と呼ばれて、気体と粒子が相互干渉する興味ある流れです。

角をまわる気体の超音速流はプラントル・マイヤ流れとして有名で、解析解があります。

本研究では、粒子濃度による摂動法を適用しました。

博士論文は「管内非定常流の研究」で、心臓・血管系を模擬した流れの数値計算をしました。

指導教官の高野教授に加えて、東京女子医科大学菅原基行教授の指導を受けました。

当時はプログラムはパンチカードの入力方式で、計算センターに赴く必要がありました。

次第に、研究室の端末からＴＳＳ方式で直接入力する方式へ変わってきました。

何百枚ものカードを持って、計算センターまで出かけていました。結果は、すぐ出なく、時間間隔をおいて見に行くのですが、プログラムのミスで、何も出てないことも多くて、すんなり結果が出るまでに試行錯誤の時間がかかりました。

幸い新しい知見が得られて、結果を国際学会で発表しています。

（AIAA-81-1221,AIAA 14th Fluid and Plasma Dynamics Conference, 1981）

博士課程の修了を控えて、大学等の職探しを致しましたが、適当なものが見つからずに、研究生として大学に残り、研究をしながら、職探しをしました。

この時、非常勤講師として埼玉大学の学部学生に、統計学の基礎の講義をしました。学生の反応を見て、講義中に学生に質問して答えさせるなど、進め方に工夫をしました。すべての学生に興味を持たせるのは難しかったです。

この頃、研究が面白く、宇宙開発のことは忘れてはいませんでしたが、頭の中で小さくなっていました。

研究生在学中に、重工メーカーから、ジェットエンジン開発の仕事をやらないか。との就職の誘いがあり、色々迷いましたが、やはり、子供の頃からの原点の夢に立ち返って、宇宙開発をやろうと、心を決めました。
それで、高野教授のご了解を得て、当時の宇宙開発事業団の入社試験を、一次試験から受けさせて頂き、何とか合格しました。
幸いなことです。

修士課程からは日本育英会の奨学金が受け取れるようになり、大いに助かりました。家庭教師のアルバイトも減らすことも出来て、研究に没頭する事ができました。当時は今日のように、貸付型の奨学金制度はなく、幸いにも、全て給付型でありました。国の財政事情は理解できますが、教育は、全くの国家としての投資です。前途有為な大学生・大学院生が、安心して研究に励むためにも、奨学金は、給付型のみにすべきだと考えています。

何よりも、国民の多くの方々の影ならぬ尽力援助の御蔭で、勉学を続けさせて頂き、幸いにも、今日ある事を、心より深く感謝致しております。

〈1981年―最初の一歩　H－1ロケット〉

宇宙開発事業団（NASDA: National Space Development Agency of Japan）には、昭和56年に入社しました。

港区浜松町の本社のロケット開発本部エンジン開発グループに配属されました。そこで、国産H－1ロケット用第二段エンジン（LE－5）の開発作業に従事して、三菱重工、石川島播磨重工等とともに、設計、製造、検証作業等々の開発プロジェクトを、一貫して、指揮監督させて頂いたのが、私のロケット人生の第一歩でありました。

H－1ロケットは、静止軌道に550kgの衛星を、打ち上げる能力を持ちますが、そのロケットエンジンLE－5は、真空中推力が10トンで、極低温の液体水素（20K）と、液体酸素（90K）を燃料とするガスジェネレータ方式―（燃料を加圧するのにターボポンプを用いるが、そのタービンを駆動するガスを小型の燃焼器で発生させる方式）の高性能ロケットエンジンであります。

当時、極低温推進薬のロケットエンジンは、米国のみが所有する技術で、フランスやソ連でも、鋭意開発を進めておりました。

秋田・三菱重工業田代試験場で　常圧燃焼試験、宮城・宇宙開発事業団角田ロケット開発センターで、高空環境下模擬での燃焼試験、兵庫県・石川島播磨重工業相生ロケット試験センターで、液体水素ターボポンプ試験、国立航空宇宙研究所角田支所で、液体水素ターボポンプ試験を実施しました。

常に現場第一主義のもと、長期の出張で、メーカーの技術者と寝食を共にして、試験をしました。

田代試験場のLE-5と著者（右）

エンジンは最終的に、
タンクシステム等ロケット機体と組み合わせた試験、
厚肉タンクシステム燃焼試験
（実際のタンク壁面の厚みを増して頑丈にしたタンクを用いた試験）、
薄肉タンクシステム燃焼試験
（実機相当タンクを用いた試験）
種子島射場での打ち上げ模擬試験（GTV: Grand Test Vehicle）
等を経て開発を完了しました。

開発は困難を極めました。多くの困難のうち、液体水素ターボポンプ開発では、毎分５万回高速回転しているシャフトの玉軸受けの玉の保持器の材質選定（ガラスウールにテフロンを含浸させて、管状に積層成型し丸い穴をあけたもの）と弗酸処理方法の開発や、液体酸素ターボポンプの軸振動、一定の位置に軸を保持する軸バランスに苦労しました。

エンジンでは、燃焼開始前に、低温の燃料が、常温のエンジンに入ると突沸を起こし、うまく燃やすことができないので、燃やす前に燃料を少量流して、エンジンをあらかじめ冷やす「予冷」を行います。この手順の確立も、開発当初は、手こずりました。

LE-5 エンジン燃焼器単体試験　©JAXA

また、燃焼室側面は細いニッケルの管を筒状の壁になる様に、沿って並べたもので、低圧の不活性ガスの中で、炉内金ロー付（ハンダ付けの一種）して製作します。管の中には、液体水素を流して、壁面の冷却をして、高温の燃焼ガスからの熱を防いでいますが、長手方向に断面積が変化する管の製作や検査法の開発にも、苦労しました。なお、ガスジェネレータに点火する前にこの冷却した水素を用いてタービンを回すのが、エクスパンダーブリードサイクルです。

Ｈ－１初号機の打ち上げは、１９８６年8月13日、初号機の成功に至りました。

開発開始時、ＮＡＳＤＡ（宇宙開発事業団、現宇宙航空研究機構ＪＡＸＡ）には、液体水素に関する知識、経験が十分でなく、東京大学、宇宙研の支援を仰いでおります。液体水素を供給するガスメーカーを選定する必要もありましたが、大阪水素工業㈱に、尼崎で、液化水素製造設備を整備していただいて購入となりました。

原料の水素ガスは、隣接するプラントから供給を受け、輸送に必要なタンクローリーまでも、一から開発することと、なりました。

なお、Ｈ－１ロケットには、

リングレーザージャイロ

（誘導姿勢制御装置で、通常の独楽を使った機械式ジャイロではなく、レーザー

（光を用いた光学機器）と

三段固体エンジンと、

アポジエンジン（衛星を遷移楕円軌道から静止円軌道に入れるエンジン）も

併せて国産開発されました。

H-1 ロケット　©JAXA

〈1986年—NASA研究員〉

1986年、カリフォルニア州モフェットフィールド市のNASA Ames研究所の熱空気力学(Aerothermodynamics)研究室で、超高速空気力学の研究を、客員研究員として1年の間、行いました。

NASA Ames研究所は、サンフランシスコ空港からハイウェーUS101を、車で約30分南下したところに位置し、ハイウェーから、大きなかまぼこ型の昔使われていた飛行船の格納庫がまず目につき、そことわかります。

滞在中に、当時の世界で最速の大型計算機(CRAY)が整備され、米国での数値計算のメッカになっていました。

このCRAYを使って、地球再突入や、木星、土星等への突入時の大気の電離、解離を伴う計算高速熱空気力学を研究しました。

また、Ames研究所は、スペースシャトルの大気圏再突入解析においては極めて重要な役割を果たしておりました。

超音速以上で空気中を飛翔する物体の前面には、衝撃波が発生し、その後流は数千度にもなります。この温度では、分子が原子にバラバラになる解離とともに、電子が、原子から飛び出る電離が、起こります。この流れを解析してスペースシャトルの底面の熱防御用のタイルの設計をする事が、必要となりました。

滞在時、Stanford 大学の教授連や研究者の方々とも交流させて頂き議論を交わす機会が多々あり、この当時の経験や、人脈は貴重で、後々、今日までも、役立っております。

モフェットフィールド・エイムス研究所
WIKIPEDIA 転載

〈1986年―H－2ロケットへの挑戦〉

1986年9月、帰国後、日本の次期主力ロケットであるH－2ロケットの第一段エンジン（LE－7）及び、第二段エンジン（LE－5A）の開発に従事しました。

第一段エンジン・LE－7は、第二段エンジン・LE－5と同様の液体水素、酸素を燃料とするロケットエンジンで、スペースシャトルのメインエンジンに用いられている2段燃焼サイクル（まず高圧の液体水素と液体酸素の一部を予備燃焼室で燃焼させて、そのガスでターボポンプを駆動し、その後、残りの液体酸素を、加えて再度燃焼させる方式）を適用した超高性能、高効率のロケットエンジンです。

その開発には未踏の最先端技術が要求されました。

とりわけ金属材料の水素脆性（高圧、高温の水素雰囲気下で金属が脆くなり脆性破壊を起こす）問題は深刻で、国立金属材料研究所や工業技術院、中国工業技術試験所と共同研究を実施しました。

開示されている材料物性データでは役に立たず、私自ら、水素雰囲気下での主要材料であるインコネル（ニッケル合金）等のデータ取得の実験や、溶接方法の実験を行いましたが、この時、つくづくと、新しい技術開発には、思わぬ労力とコストが掛かることを、思い知らされました。

米国は、基礎分野に予算を付けて、幅広く研究を行う素地がありますが、日本では、乏しいのが現状であります。

ロケットエンジンの性能計算には、ガスの比熱などの熱力学的数値が必要でありますが、日本は、米国の持っている膨大な実験によるデータを、タダで使っているのが現状です。

エンジンスタートシーケンス（燃料を送る配管内のバルブの開閉タイミング）確立にも苦労しました。

ＬＥ－７エンジンは、まずエクスパンダーブリードサイクル（前述の燃焼室を冷却した水素ガスの一部をタッピングしてタービンを回す方式）でエンジン立ち上げ、予備燃焼室に着火し２段燃焼サイクルに移行する。この移行タイミングが難しく、少し時間がずれると、燃焼室が高温、高圧になり、エンジンが燃えたり、爆発します。このような不具合が絶えませんでした。

計算機による正確な予測も当時は困難であり、試行錯誤が続きました。

寝ても覚めても考えている、正に苦労が絶えない日々でありました。

このように、一歩一歩の我慢の開発でした。

なお、ＬＥ－５エンジンもスタートはこの方式を採用しています。

第二段エンジン・ＬＥ－５ＡはＬＥ－５の改良型エンジンであり、ノズルエクスパンダブリードサイクル（ノズルを構成する管の中を通った高温水素ガス方式）を採用しており、高効率、信頼性の向上を目指したエンジンでありました。

ＬＥ－５Ａは、低推力（アイドル）運転ができる特徴を持っております。

この機能は、ロケットが、軌道を変更する際、エンジン再着火前に行っていた予冷による燃料の有効利用に役立つ事となりました。

第一段ロケット　　　©JAXA
LE7 エンジン

第二段ロケット　　　©JAXA
LE-5A エンジン

H-2 ロケット　©JAXA

〈1994年―Ｈ－２初号機打ち上げ成功〉

１９９３年、角田ロケット開発センターの試験設備室長として、ＬＥ－７、ＬＥ－５Ａの燃焼試験を取りまとめる仕事をしました。

苦い思い出は、ＬＥ－７の液体水素ターボポンプ試験での高温水素ガス漏れによる爆発事故を起こした事であります。爆風で近くの民家にガラスが割れる被害がありました。日頃住民の方とは、試験の実施についてご理解いただける努力をしておりましたが、信頼回復にはセンター職員一丸となって務めました。

とりわけ地元対策の大切さを肌で感じました。地元住民の理解あっての宇宙開発です。

Ｈ－２初号機は１９９４年２月４日に初号機が成功裏に打ち上げられました。

冬の明け方の打ち上げで、角田は大雪でしたが、多くの地元の方々や、関係者の方々を早朝、センターに、招待して、固唾をのんで、打ち上げをモニター画面で見守りました。

〈国際宇宙ステーション・実験棟きぼう〉

１９９４年からは、国際宇宙ステーション（ISS：International Space Station）計画における日本の実験棟、（JEM: Japanese Experimental Module）、愛称「きぼう」の開発に筑波宇宙センターに移って主任開発部員として参画しました。

ＩＳＳは地上約４００㎞の上空を、約1時間半かけて地球を一周しています。太陽との位置関係によっては、明け方または夕方に、肉眼で見ることができます。（ＪＡＸＡホームページで見える日時と場所を調べられます）

実験棟（ＪＥＭ）は、

船内実験室、

船内保管庫、

船外実験プラットホーム、

ロボットアーム（子アーム、親アーム）、

船外物資輸送モジュール

エアロック（船内と船外を行き来するための前室）などからなっています。

これら「きぼう」の、すべてのハードウェア、ソフトウェアの設計、製造検証計画に、従事した後に、「きぼう」全体システム開発の責任者である主任開発部員として業務を指揮、監督させて頂きました。同時に、並行して、宇宙飛行士の装置操作や船外活動等々の訓練（大型のプールに模型を沈めて試験をします）も種々行いました。

「きぼう」の開発は、国内主要宇宙関連企業8社の全総力を挙げて開発を進められました。

事業規模は、後で述べる先行プロジェクトを含めて、2兆円分が投入されました。

開発担当社として、

三菱重工業株式会社に、船内実験室、船内保管庫と全体システム取り纏めを

石川島播磨重工業に、船外実験室を

川崎重工業に、エアロックを、

日立に、小アームを、

東芝に、親アームを、

日産が船外物資輸送モジュールを開発し、

三菱電機に電力系サブシステムを、

ＮＥＣに通信制御系サブシステムを、担当して頂きました。

特記すべき事項として、有人宇宙船には厳しい安全要求が課せられている為に、航空機、鉄道、原子力の安全設計、実装、クルー訓練等の経験や実績を設計段階で取り入れました。航空機会社や航空機運行会社等に、多くの御支援を頂きました。当然、先輩にあたるＮＡＳＡでの経験を、活かすように努力しました。

国際宇宙ステーション（ＩＳＳ）では、ハザードは起きる―を前提にして、あらゆるハザードが識別されており、それぞれのコントロール方法が各々設定され、その結果がハザードレポートにまとめられています。これらは世界一厳しいとされているＮＡＳＡの安全審査で、それぞれにパスする必要があります。

なお、ＩＳＳは人命等に危害が予測されるカタストロフィックなハザードに対しては危険原因の徹底した除去と様々な故障の対応の為に、２故障許容（2 fail safe）が要求されています。

２故障許容とは、あらゆる不具合や、クルーのミスオペレーションの二つの組合せ全てに対して、安全化する設計概念です。

可動部分の潤滑にも苦労しました。

通常のグリースは宇宙では、凍結したり、蒸発するので多くの場合、使えません。また、蒸発による潤滑材の減少以外に、外部機器・特に光学機器表面にコンタミネーションとして蒸着し機器の性能に悪さをすることもあります。

この為、宇宙では、固体潤滑剤を利用します。二硫化モリブデン（MoS2）が多く用いられる場合が多いです。機能や、寿命を確保するために、膜の厚み、塗布方法などメーカを巻き込んで検討する点が多々ありました。

現在、宇宙用の固体潤滑剤が塗布できる国内メーカは2~3社のみです。用途によっては、密閉容器の場合には技術検討の上、特殊な真空グリースを用いることがあります。

ISSは、国際共同プログラムでありNASA、日本、ヨーロッパ宇宙機関（ESA）、ロシア、カナダ等々、世界15か国が参加しています。

プログラム遂行に際しては、共通の技術要求や管理要求が課せられており、日々国際調整を要します。調整には、電話会議を多用しましたが、重要な問題には直接の会議が必要であり、国際出張にも頻繁に出かけて、調整し判断をする必要がありました。

英語のハンディのもと技術と国益とのバランスを取るように心がけました。

この間の、企画戦略づくり、外国人との調整の経験は極めて貴重なものとなりました。

実験棟「きぼう」は、スペースシャトル3便で2008年から2009年にかけて打ち上げられ、現在、順調に実験等が行われ、X線天文観測や創薬等に役立つたんぱく質結晶などの重要な成果が得られつつあります。

国際宇宙ステーション　©NASA／JAXA

日本の実験棟「きぼう」 ©NASA／JAXA

実験棟（ＪＥＭ）開発業務と並行して、宇宙実験・観測フリーフライヤー（ＳＦＵ：Space Flyer Unit）の開発運用、回収業務の支援業務も経験しました。

ＳＦＵは、宇宙開発事業団／科学技術庁、宇宙科学研究所（ＩＳＡＳ）／文部省、新エネルギー・産業技術総合開発機構（ＮＥＤＯ）／無人宇宙実験システム研究開発機構（ＵＳＥＦ）／通産省の共同プロジェクトとして開発されており、再利用可能な宇宙実験観測装置の回収・再利用にともなう宇宙実験・観測システムです。

ＳＦＵ－１は１９９５年３月18日に、Ｈ－２ロケットで打ち上げられ、宇宙空間での実験後、若田宇宙飛行士により、スペースシャトル（ＳＴＳ－72）のロボットアームで補足され１９９６年１月20日に、地上に帰還しました。

ロボットアームに把持されるMFD　©NASA／JAXA

ＳＦＵ－１には、ＮＡＳＤＡのＩＳＳ先行実験機器である実験ペイロード、ＳＦＵ搭載実験機器部（ＥＦＦＵ）、実験棟ＪＥＭの船外実験プラットフォーム部分モデルおよび気相成長基礎実験装置が搭載されていました。

宇宙デブリのデータや、宇宙での原子状酸素の材料への影響等、ＪＥＭ開発に有用なデータを得る事が、出来ました。なお、再使用の要求がなかった為、現在、上野の国立科学博物館に展示されていますので、是非、見学してください。

EFFU　©JAXA

また、１９９７年８月７日にＳＴＳ－86で打ち上げられたマニピュレーター飛行実証試験（ＭＦＤ：Manipulator Flight Demonstration）業務を経験しました。

本試験は、ＪＥＭのロボットアーム２種（重量物用の親アームと精巧な動きができる子アーム）のうち、子アームの先行実験です。

ここで得られたデータはＪＥＭに生かされています。

MFD 実験　©NASA／JAXA

〈2003年―宇宙環境利用〉

開発の山場を超えた2003年には(財)宇宙環境利用推進センターに出向し、宇宙実験推進部長として、宇宙を利用するユーザーサポート業務の企画立案業務に従事しました。研究者をサポートするフォーラムを主催し、将来宇宙ステーションで実験をするための(ロシアのソユーズミッションを含む)宇宙実験に向けたサポート作業を行いました。

民間での経験は、とても新鮮で、仕事の流れや意思決定など、大いに勉強になりました。ユーザー利用枠組みや宇宙実験に向けた手続きの確立に向け、成果が出てきていましたが、NASDAで開発が難航していたセントリフュージプロジェクトのテコ入れのため、急遽、8カ月で、責任者補佐のサブマネージャとしてNASDAに呼び戻されました。

〈セントリフュージ〉

セントリフュージとは、人工重力発生装置（回転による遠心力で人工的に可変な重力を得る）と、ライフサイエンスグラブボックス（隔離して生物の処置ができる装置）及び、それらを収納する格納容器からなっています。

ゼロGから2Gまで実験可能で、細胞からマウス個体までの試料が利用可能です。

セントリフュージは、スペースシャトルで打ち上げられ、国際宇宙ステーション（ISS）に取り付けられる予定でした。

尚、JAXAにおけるセントリフュージプロジェクトは、「きぼう」を米国のスペースシャトル3便で打ち上げてもらう打ち上げ経費を、セントリフュージを日本で開発して米国に提供する経費とで、オフセットすることから始まりました。

当初NASAが、開発していた装置を、日本が替わって開発する事になったものであり、技術要求はNASAが決めていました（担当メーカーは、ボーイング社）。

帰任時には、当初の、NASAとの調整に基づく、コストと、スケージュールに大幅なオーバーランが発生していた為、ＮＡＳＡとプロジェクト実施条件の見直し（Barter rebalance）が開始されたばかりでありました。

技術要求はＮＡＳＡが出し、開発は日本が請け負うという構図の中で、仕様、オフセットコスト、スケジュール等の見直しには、タフな交渉に迫られました。

この様な、交渉での双方の懸命な努力（技術者としての議論と、飲み会等の人間としての付き合い）を重ねて、固い信頼関係の構築の結果、日米双方が満足する新たな条件で合意することが出来ました。

当時のＮＡＳＡのＩＳＳのトップ責任者はＩＳＳプログラムマネーのガステンマイア氏であり、彼は現在、ＮＡＳＡ副長官の位置におられます。

氏は、とても温厚で、頭がよく、また、バランス感覚に秀でたマネージャでした。ＮＡＳＡの№2になるのが、当然と言える逸材でした。

この時、ここで得られた国際調整経験（win-win）は、何物にも変え難い忘れ得ぬ経験であります。

誠に、残念なことに、フライト品の製作に入る直前の２００５年10月、米国側の都合（資金不足と推定）で、このプロジェクトはキャンセルされてしまいました。世界中の多くの生命科学研究者が抗議の声をあげましたが、結論は変わりませんでした。

しかしながら日本としては、ＮＡＳＡとの契約ターミネーション交渉の結果、今日に至るまでの成果で、オフセットが履行されたと認められ、追加の資金提供が請求されることは無く、実験棟（ＪＥＭ）が打ち上げられました。

セントリフュージプロジェクト資金は、約６００億円程、使わせて頂きました。

ＪＡＸＡの構成員は、40名程度であり、ＪＡＸＡでは大規模なプロジェクトでした。

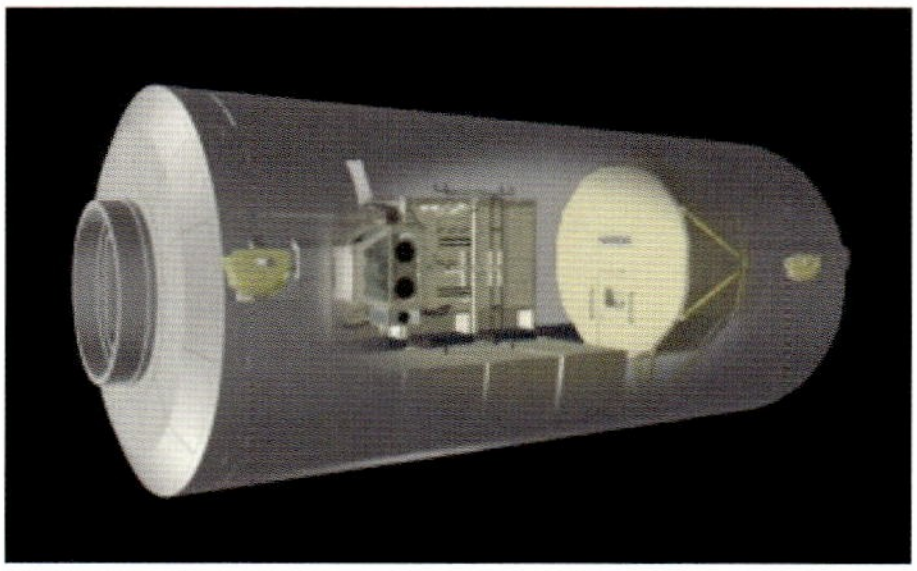

セントリフュージ　©JAXA

〈2003年―JAXA発足〉

なお、2003年10月に、文部科学省傘下の研究所であった宇宙科学研究所（ISAS）、航空宇宙技術研究所（NAL）と特殊法人であった宇宙開発事業団（NASDA）が統合されて、独立行政法人宇宙航空研究開発機構（JAXA）が発足しました。

〈こうのとり―HTV（H2 Transfer Vehicle）〉

2005年12月、宇宙航空研究開発機構HTVプロジェクトチームサブマネージャ就任、2011年4月、同プロジェクトマネージャに、就任しました。

HTV（H2 Transfer Vehicle, 愛称「こうのとり」）プロジェクトマネジメント担当です。

着任当時、ＨＴＶも、コストとスケジュールの問題を抱えており、メーカとの調整に、またもや、没頭する事となりました。

こうのとり（ＨＴＶ）は、国際宇宙ステーション（ＩＳＳ）に、

最大６・５トンの物資を運べる大型の無人輸送船であり、

船内用物資輸送用の与圧キャリアと船外用の曝露キャリアからなりたち、

日本で最強のロケットＨ‐２Ｂで打ち上げられます。

打ち上げ後、ロケットから分離されたＨＴＶは、米国の測位衛星、ＧＰＳ衛星により、位置制御を、地球センサーによって姿勢制御を自律的に行い、ＩＳＳには後方から接近します。

ＨＴＶとの通信や、コマンド(指令)は、米国のデータ中継衛星（ＴＤＲＳ）を用いて行ないます。

ＴＤＲＳは静止軌道上に、４機あり、地球上のどこからも通信可能です。

このように米国のＧＰＳ衛星や、ＴＤＲＳ衛星なしではＨＴＶの運用はできません。

将来、日本の宇宙開発を自立的実施するために投資をする大切な分野と思います。

〈ランデブー〉

宇宙ステーション近傍では、独自の通信システム（ＰＲＯＸ）を用いてＩＳＳと、通信します。

ＩＳＳには、下方３００ｍからランデブーを開始します。

　測距はレーザーセンサを用いて行い、

　ＩＳＳ下10ｍで、ＩＳＳと相対停止し、

　ＩＳＳのロボットアームで把持された後に、

　宇宙ステーションに取り付けられます。

ＨＴＶはスペースシャトルや、ロシアのソユーズ、プログレスのドッキング方式とは異なり、アームによるバーシング（berthing）でありますが、ＩＳＳに大型の物資を運べる唯一の輸送機であります。

２００９年９月11日に、開発を予定通り完了して、初号機を打ち上げました。

２０１７年２月までに、６機連続で成功しています。

引き続き、ＨＴＶ－７号機が、本年２０１８年９月23日午前２時52分に打ち上げられました。順調に宇宙ステーションにランデブー飛行を行い、同月28日午後８時過ぎに無事到着しました。

（ＨＴＶプロジェクト在任中は３機、２０１３年８月４号機打ち上げは参与として、５号機、６号機は、三菱重工業顧問として参画）

ＩＳＳの運用が当初計画の２０１５年終了が２０２４年まで延長されたことに伴い、この後に２機の従来型ＨＴＶと将来型ＨＴＶ（ＨＴＶ－Ｘ）３機が打ち上げられる事が、国際公約として決まっています。

ＨＴＶ－Ｘは月探査を視野に入れた意欲的な輸送機として想定されており、２０１７年10月より基本設計に取り掛かっています。

ＨＴＶは、大型の輸送船であり、スペースシャトルの退役以降、大型の実験装置等を、運べる唯一の輸送船として、ＩＳＳ運用にはなくてはならない輸送船となっています。

特に船外に設置されているＩＳＳの姿勢制御用モーメンタムジャイロやバッテリ輸送に貢献しています。因みに、ＩＳＳの船外に取り付けられているバッテリは、今後日本製のリチウムイオンバッテリに全数交換される予定であります。

ＨＴＶが採用しているＩＳＳへの接近、ランデブー、係留方式は米国での民間輸送機、オービタルサイエンス社の「シグナス宇宙船」、スペースＸ社の「ドラゴン宇宙船」の手本となっており、一部機器をも輸出しています。

ＨＴＶは、定時に所要の物資を輸送できる輸送船として、世界の宇宙機関からその技術力と信頼度の高さが認められ、有人宇宙開発分野での日本のプレゼンスを高めました。

日本が持つべきコア技術である推進系機器（姿勢制御用及び軌道変換用小型ロケットエンジン等）や通信機器の国産化にも成功しています。

現在、ＨＴＶは無人機ではありますが、将来、有人機の基本機能は備えており、有人機へのアップグレードが可能であります。

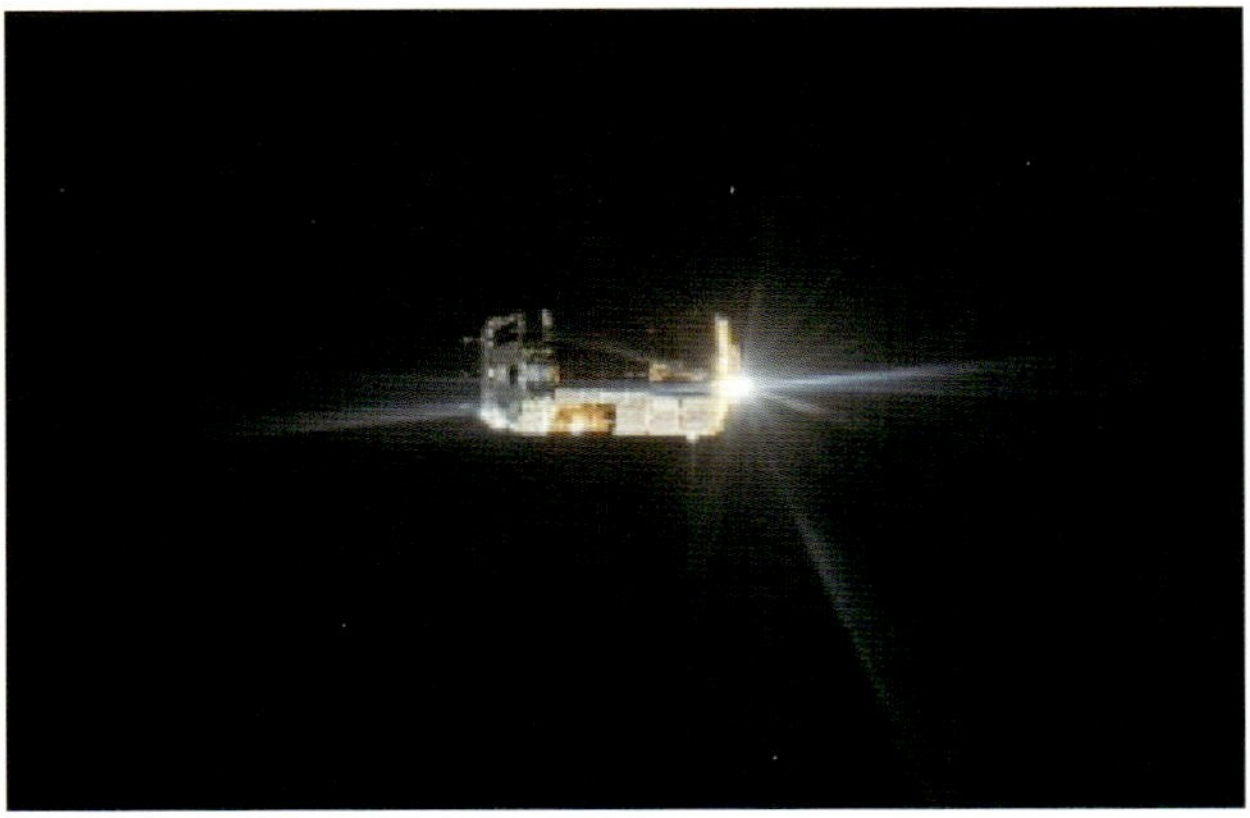

飛行中のこうのとり　©NASA／JAXA

こうのとり　©JAXA

H-2B ロケット　©JAXA

プロジェクト資金規模は、約１７００億円でありました。

また、ＪＡＸＡ構成員は、40名程度で、遂行致しておりました。

〈2013年4月　有人宇宙ミッション本部参与〉

これまでの経験を生かして、宇宙船研究開発全般、特に将来有人宇宙船研究開発に対する指導助言を、責任者である本部長に行うと同時に、後進の指導・教育に当たりました。

パリに本部のあるＩＡＡ(International Academy of Astronautics)の Human Spaceflight coordination group のメンバーとして、世界規模での、将来の有人宇宙活動計画の検討にも精力的に参加させて頂きました。


世界各国の政府の集まりである国際宇宙探査フォーラム（ＩＳＥＦ）にＩＡＡとしての提言を行い、その活動を、支援してまいりました。

特に、今後、ＨＴＶ－７号機で打ち上げられた回収カプセルの検討には、積極的に、参加してまいりました。

〈２０１４年４月～２０１７年３月　有人宇宙ミッション本部客員〉

ＪＡＸＡを完全退職後、ＪＡＸＡ非常勤客員として将来有人宇宙船研究開発全般に対する助言、指導を行っておりました。

併行して、２０１４年４月から三菱重工業株式会社防衛・宇宙ドメイン顧問として次世代ロケットＨ３開発、ＨＴＶ、ＨＴＶ－ＸおよびＨ－２Ａ打ち上げの技術サポート作業を行いました。

Ｈ３ロケットの仕様は、２０２０年以降に、世界でどのようなロケットが必要になるかを調査・予測し、それに答えるように、

柔軟性（複数の機体形態で利用用途に合ったロケットの提供）、

高信頼性（Ｈ－２Ａロケットの高い打ち上げ成功率を維持）および、

定低価格（Ｈ－２Ａロケットより廉価）の実現を、目指しています。

Ｈ３ロケットは、

　２種類のフェアリング、

一段に新規開発のＬＥ－９エンジンを、２基または３基、

二段には改良型ＬＥ－５ｂを、固体ロケットブースタ（ＳＲＢ－３）は、

　０本、２本、４本と

切り替えることにより、種々の重さや軌道の人工衛星の打ち上げに対応可能であります。

静止トランスファー軌道には、Ｈ－２Ａロケットを上回る重さの衛星を、打ち上げる事ができます。

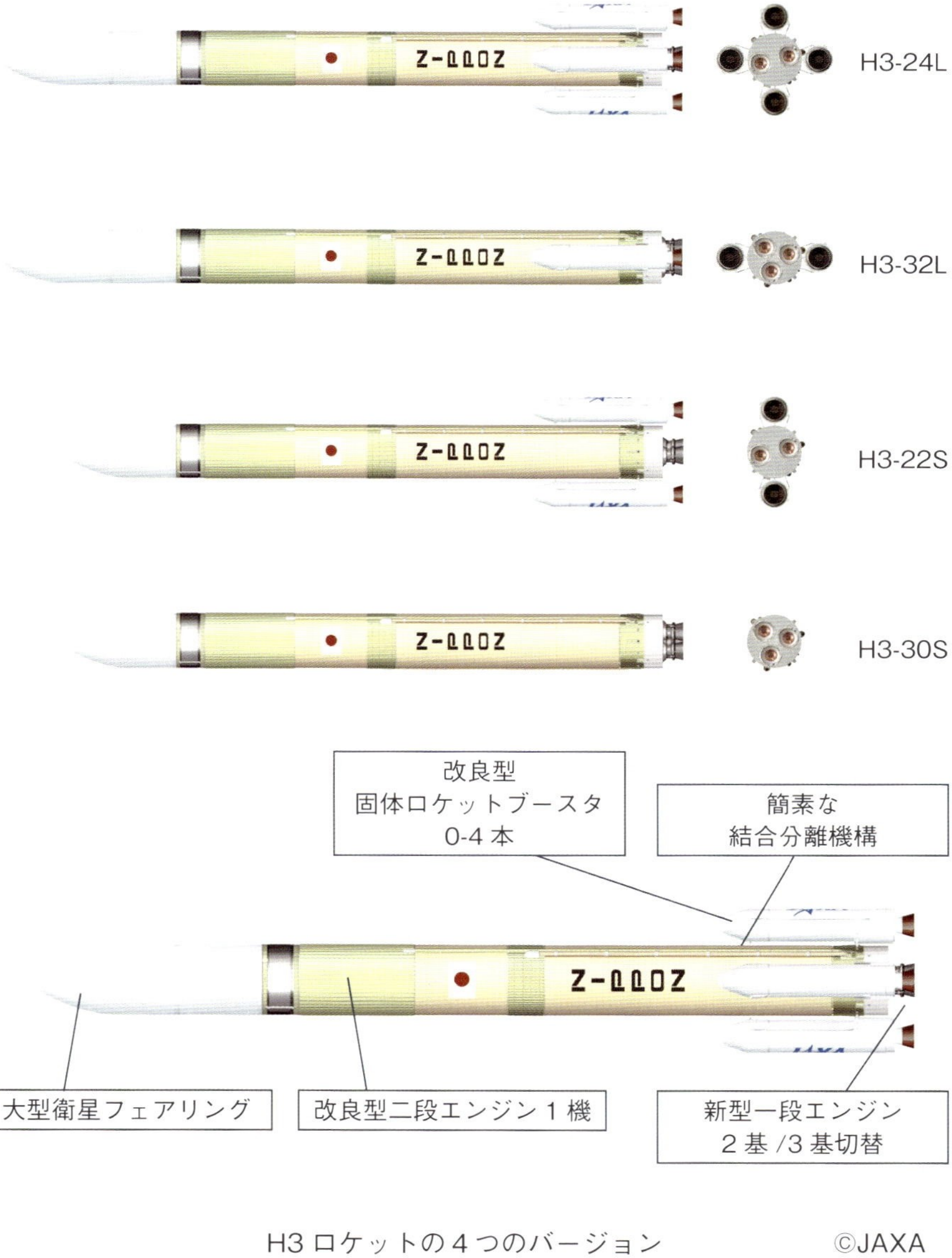

H3 ロケットの 4 つのバージョン　　©JAXA

ＬＥ－９エンジンは、これまでの日本のエンジン技術を、集大成して開発中のエンジンであり、推力は、Ｈ－２Ａの一段エンジン（ＬＥ－７Ａ）の約１・４倍の高推力（150ton）であります。スロットリング能力も持っています。

エンジンサイクルには、ＬＥ－５シリーズで実績のあるエクスパンダブリードサイクルを採用し、部品点数を減らしており、コスト目標はＬＥ－７Ａの半額であります。

高推力の同サイクルエンジンは世界でも例がなく、その実現性の確認のために、ＪＡＸＡと三菱重工業株式会社では、２００５年から10年をかけて、技術実証の為の先行研究を行い、実現性の目処を得ています。

２０１７年12月、基本設計を終えて、打ち上げ用エンジンの詳細設計を実施中であります。

並行して、種子島宇宙センタでの実機型エンジン（エンジニアリングモデルエンジン）の第一シリーズの燃焼試験を無事成功裏に終えて、第二シリーズを完了しました。

更なる特徴として、燃料の主バルブ等を従来の空圧式から電動式に変更しています。

これにより、エンジン燃焼制御の安定性と、再現性の向上が得られます。

燃焼スタンド上の H-3　第一段エンジン　LE-9　©JAXA

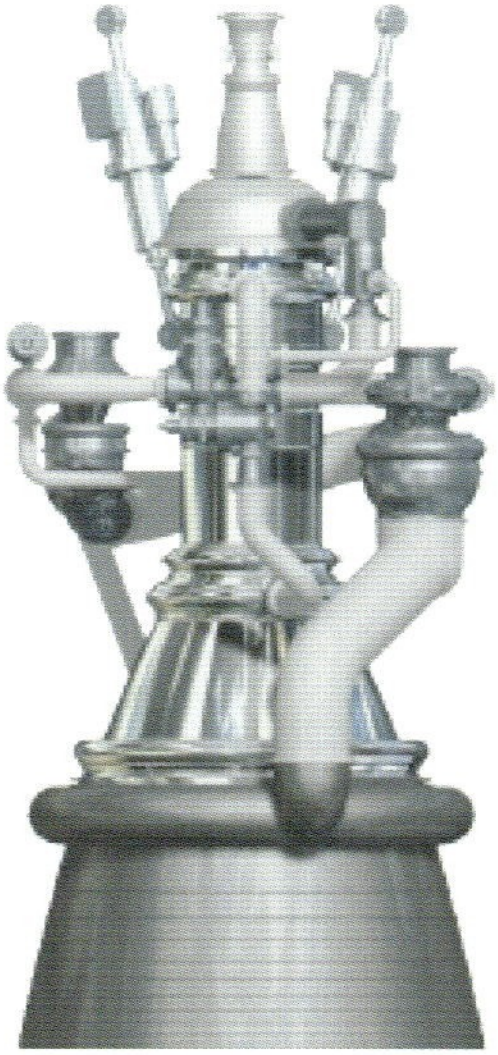

項目	H-IIA (LE-7A)	新型基幹 (LE-9)
エンジンサイクル	2段燃焼サイクル	エクスパンダーブリードサイクル
真空中推力	112トン → ●1.3倍	150トン
比推力Isp	440 sec	425 sec
コスト	− → ●半分	LE-7A比1/2

LE-9 エンジン緒元　© 三菱重工

おわりの言葉

この本を読んで戴いた読者の中には、ページ内のレイアウトや文章構成、文体などに驚かされたり違和感をお持ちの方もおられると思います。形式よりも読み易さを目指してチャレンジを致しました。

さて、私ども、開発者が、行ってきた事は、

過去の実績と新年度の予算を組み込んだ事業の実行消化ではなく、技術バランスに基づいた適正な機能と費用の分配を、行うことで、我々チームの技術力が、試金石とされるものでありました。

この技術力が、NASA等との技術要求調整や、資金分担調整に、役立つのです。

ロケット発射の失敗は、膨大な金額と、積み重ねてきた労力と技術の結晶を、一瞬にして失なわせるものであり、単なる技術や安全の観点からではなく、計画の実行・実現のマネジメント全体が、問われるものであります。

実現実行に伴う、我々開発チームに負わされた失敗の危機感と重圧による緊張感が、

実行チームだけが経験で獲れる知識や感覚以上に、明確な目標に向かう共通意識と、各務分担の意義と、有効性を確認しあえるチームワークを、創り上げてくれました。

学術研究による理論の大系化や実験による新発見は、得られないものの、

技術開発のワクワク感は、極めて得がたい価値があった。と、確信しています。

今後は、科学技術知識だけに限らず、現場の技術者、国内外を相手としたマネージメントの経験からも、様々な研究開発分野で、貢献すべきと、思っています。

プロジェクトマネージメントは、コスト、スケジュール、ヒューマンの3つのリソース管理は勿論のこと、組織のパフォーマンスを最高の状態に維持することに尽きます。

その為にリーダーとして、組織の進むべき方向のベクトルを明示して、各人のベクトルを管理する―個人の能力としての大きさを伸ばす工夫と適応性の管理が肝要です。

子供のサッカー（ゴールを目指すのではなく、目先のボールを目指して全員が動きまわる）を避けるために、短期的な全員のベクトルの向きは同じでなくともよく、大切なのは、活動フィールドの雰囲気は常に明るくなくてはならないと考えています。

苦しい時ほど、結果の如何に関わらず、リーダーは笑顔を絶やさず、

大きな声で笑うのが、大切。

キャッチ・コピーは、「Keep on Smiling」です。

そして、最後に責任を取るのはリーダーです。

ＨＴＶ－７号機の打ち上げには、種子島宇宙センターに出向いてこの目で、打ち上げを見てきました。日の出前の快晴の空に光る薄い緑がかった青白い ＬＥ－７Ａ エンジンの噴流を、見えなくなるまで双眼鏡で眺めていました。

宇宙開発を一生の仕事として、ここまで来られたと感無量でした。

教育の重要性も、より深く認識しており、今後は、若者の教育にも、是非、関わって行こうと思っております。

日本全体の教育の質を上げるには、上位の生徒のレヴェルアップは勿論としても、中、下位の学生諸氏の学力を向上させ応援する事が、大切であります。

安心、安全な快適で夢のある未来のためにも、将来ある若き人々のために、一途にロケットエンジン開発に社会経験の大半を捧げてきた私の経験が少しでも貢献できれば、幸いです。

本著を書くことを勧めてくれて、且つ、監修の労を取ってくれた畏友小島隆夫君に最大限の感謝の意を表します。彼がいなければ本著は生まれませんでした。

国立研究開発法人 医薬基盤・健康・栄養研究所の米田悦啓理事長には、過分な推薦のお言葉を頂戴しました。誠に栄誉なことです

渡辺出版の渡辺潔社長と西崎印刷の清田あづさ社長には、著者の我儘な出版界の常識に反した、散文的なページレイアウトや、言葉遣い等の使用をお願いしたところ、快く応諾して頂きました。更に、出版に際して真摯なご指導、ご鞭撻を賜りました。心より御礼申し上げます。

シナノ書籍印刷の河合健太郎さんには、印刷のイロハから色調など多くの専門的なことを教えて頂きました。

ＪＡＸＡ広報部にもお世話になりました。特に写真素材提供にご協力頂いた深山哲太郎さんに御礼申し上げます。

三菱重工業株式会社 石井泉常務執行役員フェロー（インダストリー＆社会基盤ドメイン技師長）と阿部直彦執行役員（防衛・宇宙セグメント長）からは、産業界での宇宙開発と言う観点から多くの示唆を頂きました。

最後に私達の開発にかかわり助け協力して頂いた方々、
チームＪＡＸＡとして開発に携った科学者、技術者と
すべての関係者の方々に、深く感謝を致しますとともに厚く御礼申し上げます。

1. 略歴

1952年　滋賀県大津市仰木生れ
1971年　滋賀県立膳所高校卒業
1975年　東京大学工学部航空学科卒業
1980年　東京大学大学院工学系研究科航空学専攻
　　　　博士課程修了（工博）
同年　埼玉大学講師（統計学）
1981年　宇宙開発事業団入団
1985年　NASAエイムス研究所研究員
1993年　宇宙開発事業団角田ロケット開発センタ試験設備室長
1994年　(同) 宇宙ステーショングループ主任開発部員
2003年　(財) 宇宙環境利用推進センタ宇宙実験推進部長
同年　宇宙開発事業団セントリフュージプロジェクトチームサブマネージャ
2005年　宇宙航空研究開発機構HTVプロジェクトチームサブマネージャ
2011年　同プロジェクトマネージャ

２０１３年　有人宇宙ミッション本部参与
２０１４年　同客員、三菱重工業株式会社防衛・宇宙ドメイン顧問

２．主な受賞歴

１９９８年　日本機械学会　熱工学部門　講演論文賞受賞
２００９年　文部科学省ナイスステップな研究者受賞
２０１１年　航空宇宙学会技術賞受賞

その他、
２０１０年　ＨＴＶ－１ミッション成功に関して NASA JSC（Johnson Space Center）所長より JSC Group Achievements Award を受賞

また、ＳＴＳ－１７２（スペースシャトル１７２回目のミッション）微小重力実験ミッション成功に関して、ＮＡＳＡ及び Boeing 社から個別に感謝状を授与される。

３．特許

・特許第１８２１０２６号「液体ロケットエンジン」でロケットエンジンサイクルに関する特許を取得。本特許は、米国特許第4,879, 891[Liquid Fuel Rocket Engine]、とヨーロッパ特許第87106661.9 [Liquid Fuel Rocket Engine]を取得。本特許技術は、ＬＥ－５Ａエンジン開発に生かされた。

・特許第２６４７５０７号「液化メタン燃焼空気液化式エンジン」。本特許は将来の空気吸い込み型ロケットエンジンに関する先行研究成果を基にしている。

４．主な論文等

・学位論文「管内非定常流に関する研究」東京大学　報告番号105136　報告番号甲05136　博工第1355

・「船外実験プラットフォーム」日本航空宇宙学会誌　49(574), 273-286, 2001-11-5

・「発展構想」日本航空宇宙学会誌　60(6), 230-235, 2012-06-05

・「宇宙ステーション軌道における曝露環境下のトライボロジー」トライボロジスト44(1), 32-38, 1999-01-15、

・「ＨＴＶ技術実証機の成果と意義」日本航空宇宙学会第41期年会講演会講演集　A01（JSAA-2010-1001）

・「宇宙ステーション補給機（ＨＴＶ）の開発と利用―ランデブー技術の応用と有人宇宙機への発展構想」三菱電機技報２０１１年９月号

・「宇宙ステーション補給機（ＨＴＶ）技術実証機の飛行結果」７章、平成21年度：曝露部観測装置、ライフサイエンス実験、宇宙環境利用の展望、一般財団法人宇宙システム開発利用推進機構編

・「ＪＥＭ曝露部のシステム信頼性／保全性評価解析」　信頼性、保全性シンポジウム発表報文集　vol. 26, pp. 285-290

・「Ｎｉ基合金の室温高圧水素環境下における疲労亀裂進展特性」材料 vol.38, No 428, pp. 539-545　平成元年５月、

・「Ｎｉ基合金の室温高圧水素環境下における引張性質」材料　vol.40, No. 453, pp. 736-742　平成３年６月、

・「ＳＦＵ実験報告（搭載実験編）、2.7 EFFU」宇宙科学研究所報告　特集　第36号、pp. 95-108, 1997

・「宇宙ステーションＪＥＭのロボティクスオペレーション」 第44回宇宙科学技術連合講演会、00-2D14. 2000

・[Feasibility Test Up-Grading of the Engine] Proceedings of the 15th ISTS, pp.303-308

・[Up-grading of the LE-5 Engine] AIAA-86-1568, AIAA/ASME/SAE/ASEE 22nd Joint Propulsion Conference, 1986

・[Test Report of Up-Grading of LE-5 Engine（LE-5）] Proceedings of the 16th ISTS, pp. 321-326, 1988

・[The Development of Proto-Flight Model of JEM-FF Structure] Proceedings of the 21 th ISTS, 1998

・[BATTLE SHIP FIRING TEST FOR SECOND STAGE PROPULSION SYASTEM OF H-I LAUNCH Vehicle] IAF-84-305, IAF, 84,

・[LE-5 Engine Start Sequence and its Extension to the Expander-Bleed-Cycle] AIAA-91-2567, AIAA/SAE/ASME 27th Joint Propulsion Conference, 1991

・[Development Status of H-II Rocket Cryogenic Propulsion System] IAF-91-263, IAF, 91

・「ＬＥ－５エンジンの開発とアイドルモード作動」三菱重工技報 27(6), 521-526, 1990-11

・「ＬＥ－５エンジン再着火機能」NASDA-TRM-93007

・[Studies on the Starting Flow and Inlet Flow in a Channel and pipe] AIAA-81-1221,AIAA 14th Fluid and Plasma Dynamics Conference, 1981、

・[HTV Vehicle design and its first flight result-HTV, its maiden flight] Proceedings of the 12th ISCOPS

・「断面積変化を伴う弾性管内流体を伝搬する擾乱について」日本機械学会第９０３回講演会講演論文集　No. 790-10, 1979

・「微粒子を含む気体の角をまわる超音速流の解析」日本機械学会第８８６回講演会講演論文集　No. 770-8, 1977

・「国際宇宙ステーションにおける日本の実験棟（JEM）」NAVIGATION（日本航海学会誌）vol. 135, pp. 34-43, 平成10年３月、

取材協力
宇宙航空研究開発機構（ＪＡＸＡ）展示館
宇宙科学研究所（ＩＳＡＳ）相模原キャンパス
つくば宇宙センター（ＴＫＳＣ）スペースドーム

著者
小鑓　幸雄
元ＪＡＸＡこうのとりプロジェクトマネージャー
ＪＡＸＡ客員

ロケットエンジンと、宇宙への憧れ

発行日　2018 年 11 月 17 日　第 1 刷発行
著　者　小鑓幸雄
監修者　小島隆夫
発行所　有限会社渡辺出版
〒 113-0033
東京都文京区本郷 5 丁目 18 番 19 号
電話　03-3811-5447
振替　00150-8-15495
印刷所　シナノ書籍印刷株式会社
組　版　株式会社西崎印刷

ISBN978-4-902119-30-5